Make-up illustration book

메이크업 일러스트레이션 북

김민신 지음

경춘사

contents

Make-up
illustration book

eye brow

1. 눈썹의 기본 형태

2. 눈썹의 여러 가지 형태

1) 표준형 :

눈썹의 기본형

어느 얼굴형이나 잘 어울린다.

2) 일자형 :

젊고 활동적인 이미지

긴 얼굴형에 잘 어울린다.

3) 각진형 :

세련되고 샤프한 느낌의 이미지

둥근 얼굴형에 잘 어울린다.

4) 아치형 :

여성적이며 성숙한 이미지

이마가 넓거나 역삼각 얼굴형 ,다이아몬드 얼굴형에게 잘 어울린다

5) 상승형 :

동적인 이미지

둥근 얼굴형, 각진 얼굴형에 잘 어울린다.

eye brow

1. 표준형

2. 일자형

3. 각진형

4. 아치형

5. 상승형

eye shadow

1. eye shadow의 명칭

1) base color :
눈두덩이 전체에 펴 바른다.

2) main color :
눈의 표현에 서 가장 중심이 되는 색상으로

3) point color :
눈을 강조하기 위한 것으로 섀도 색상 중 가장 진한 색상을 사용한다.

4) under color :
메인, 포인트 색상과 연결하여 사용하기도 하고 다른 색상을 사용하기도 한다.

5) high light color :
눈썹 뼈 부분 또는 눈동자 중앙에 연한 색상을 사용하여 윤곽을 표현한다.

eye shadow

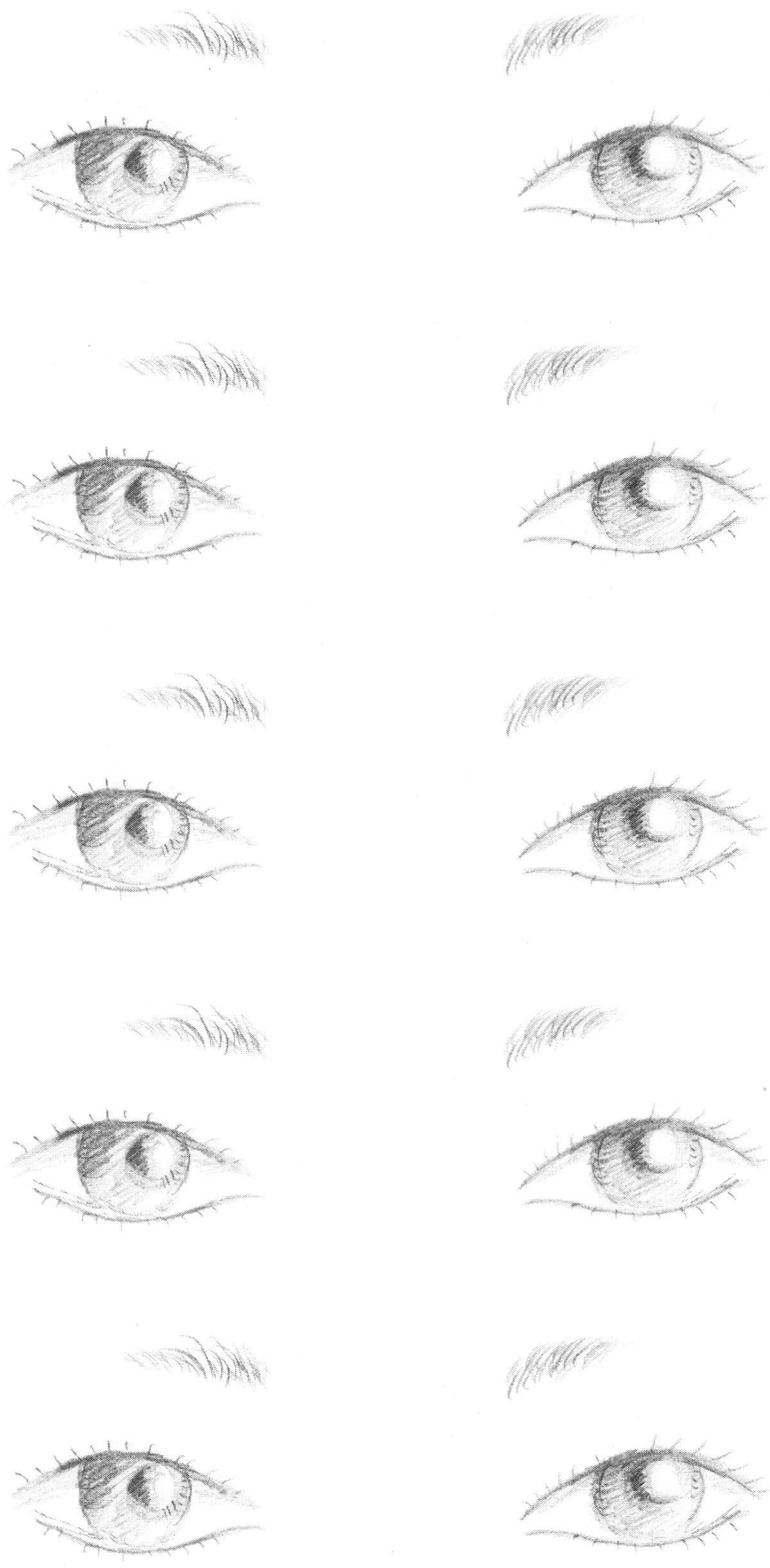

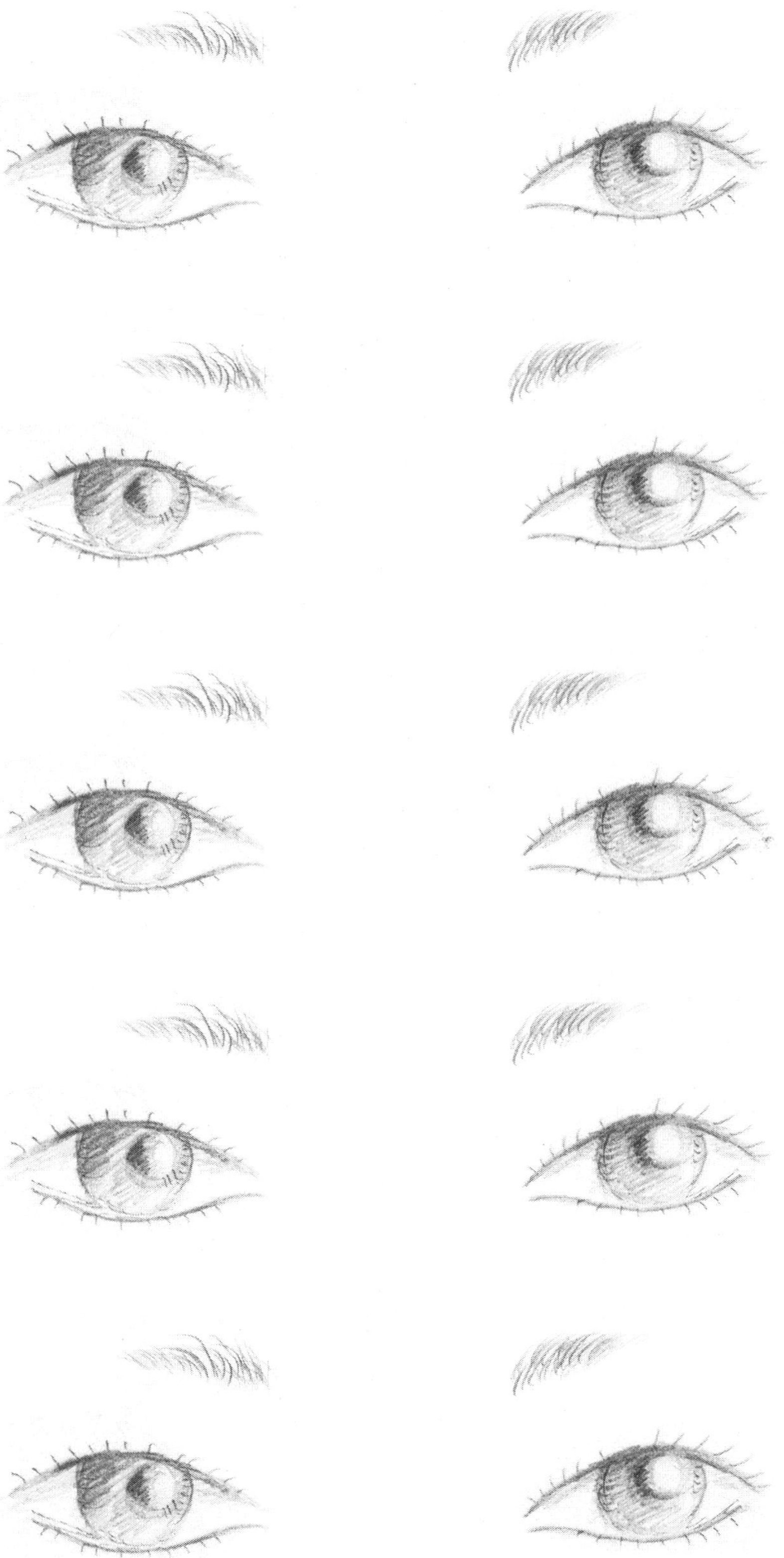

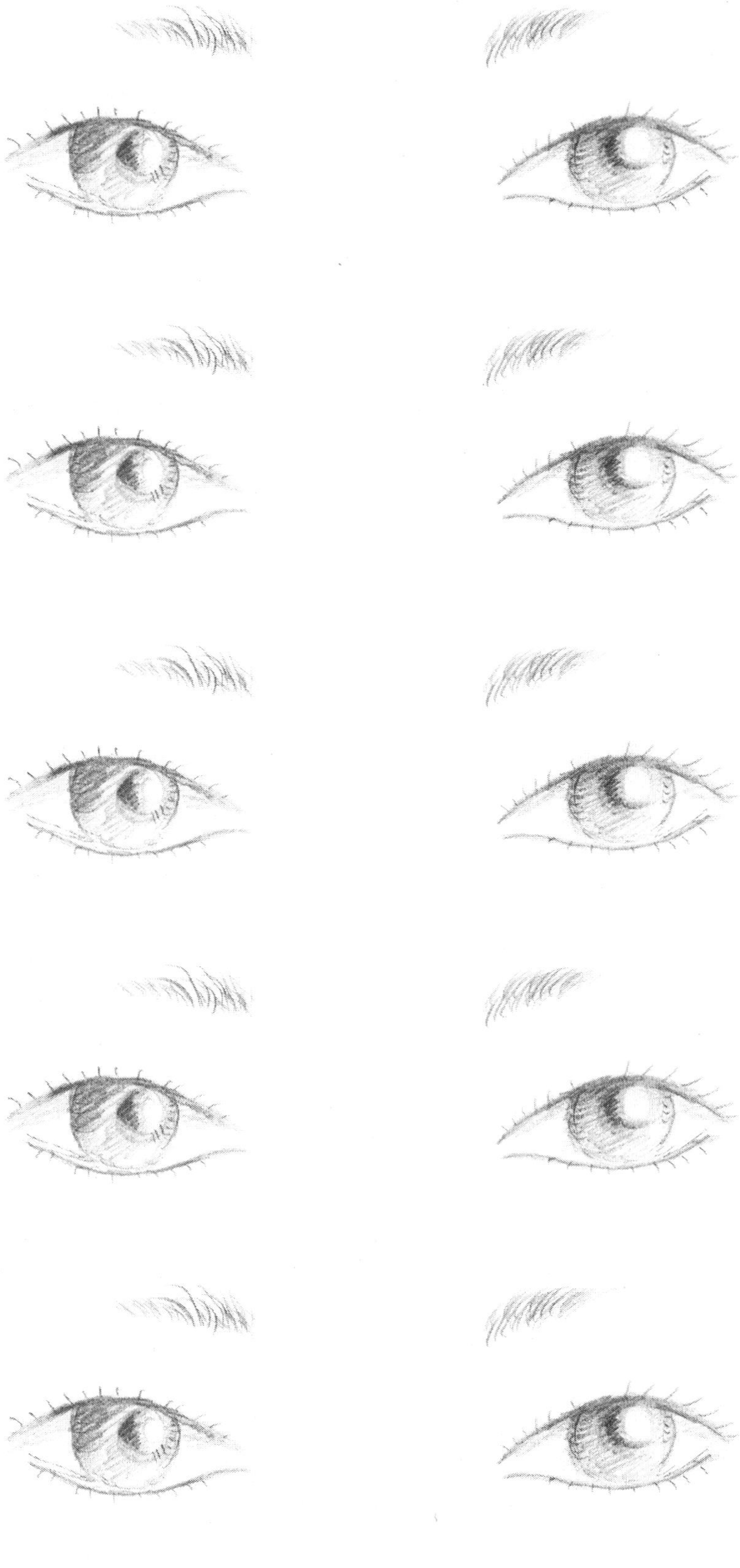

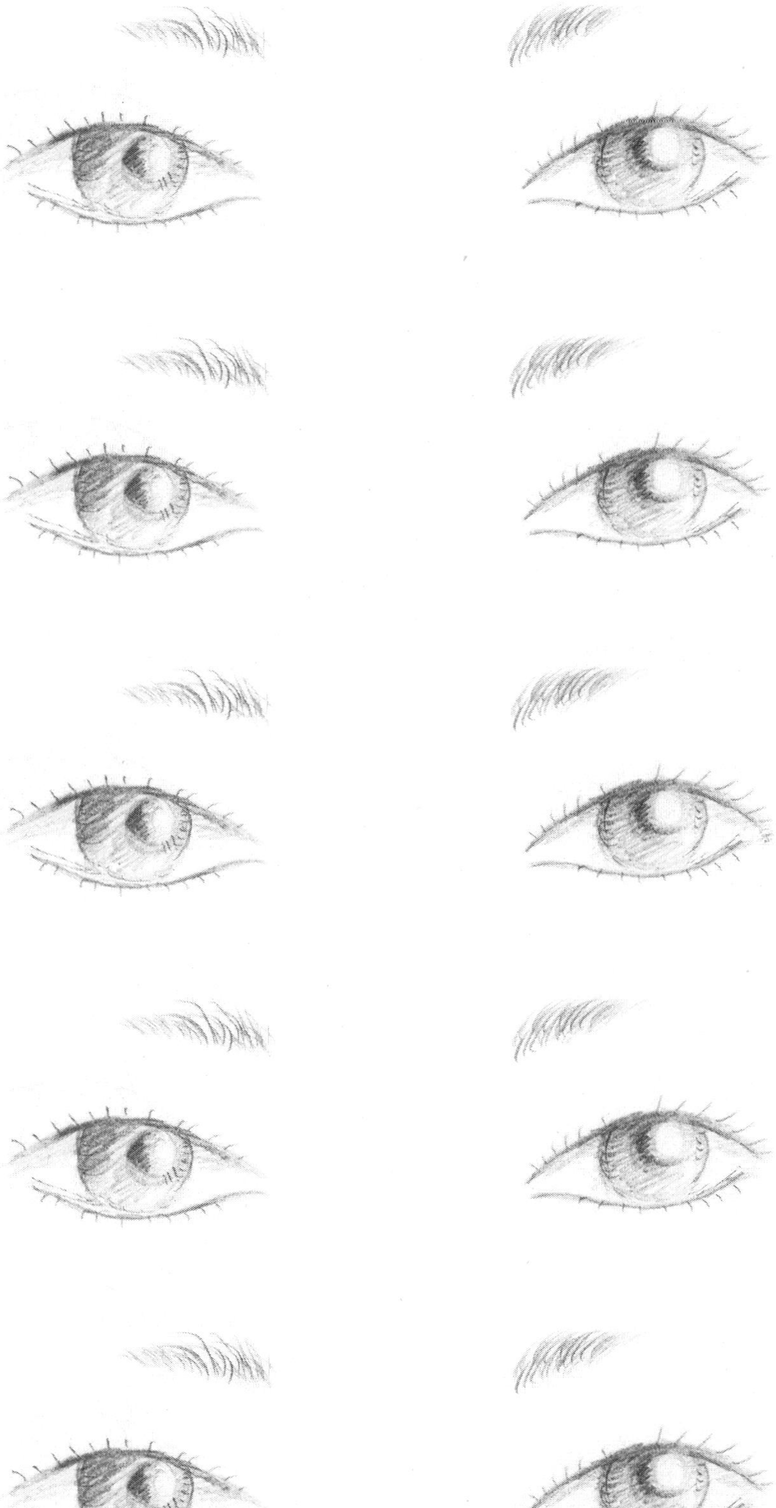

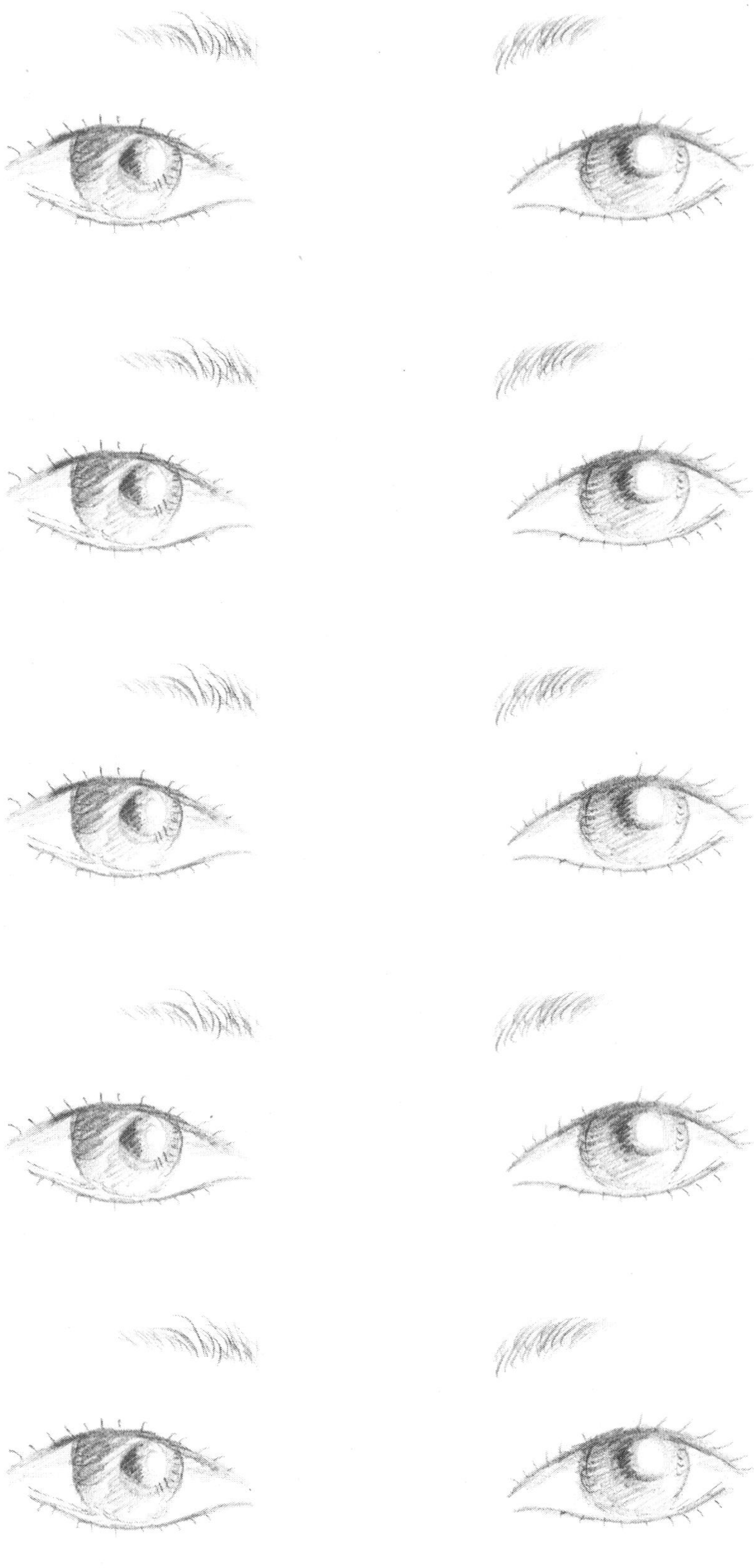

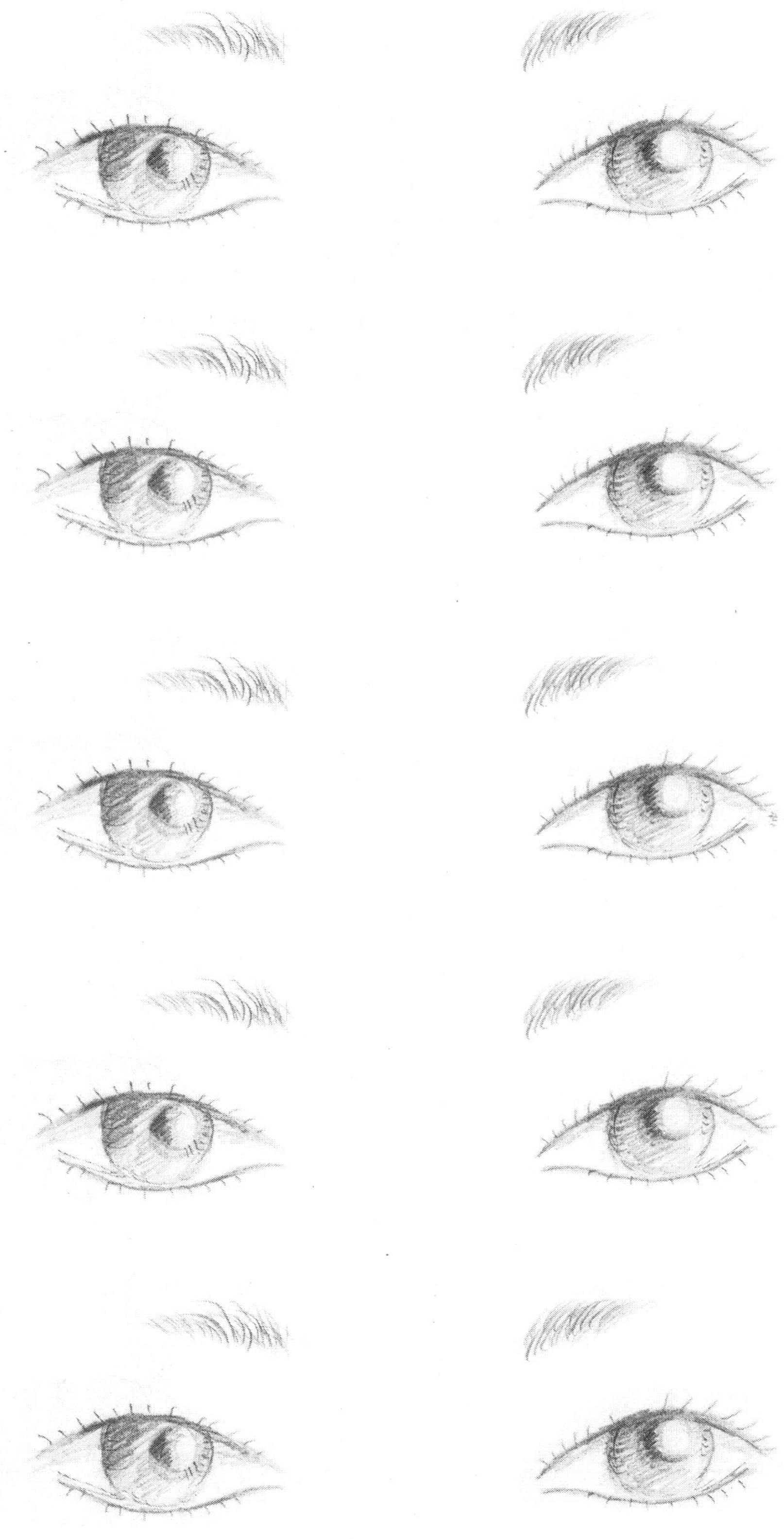

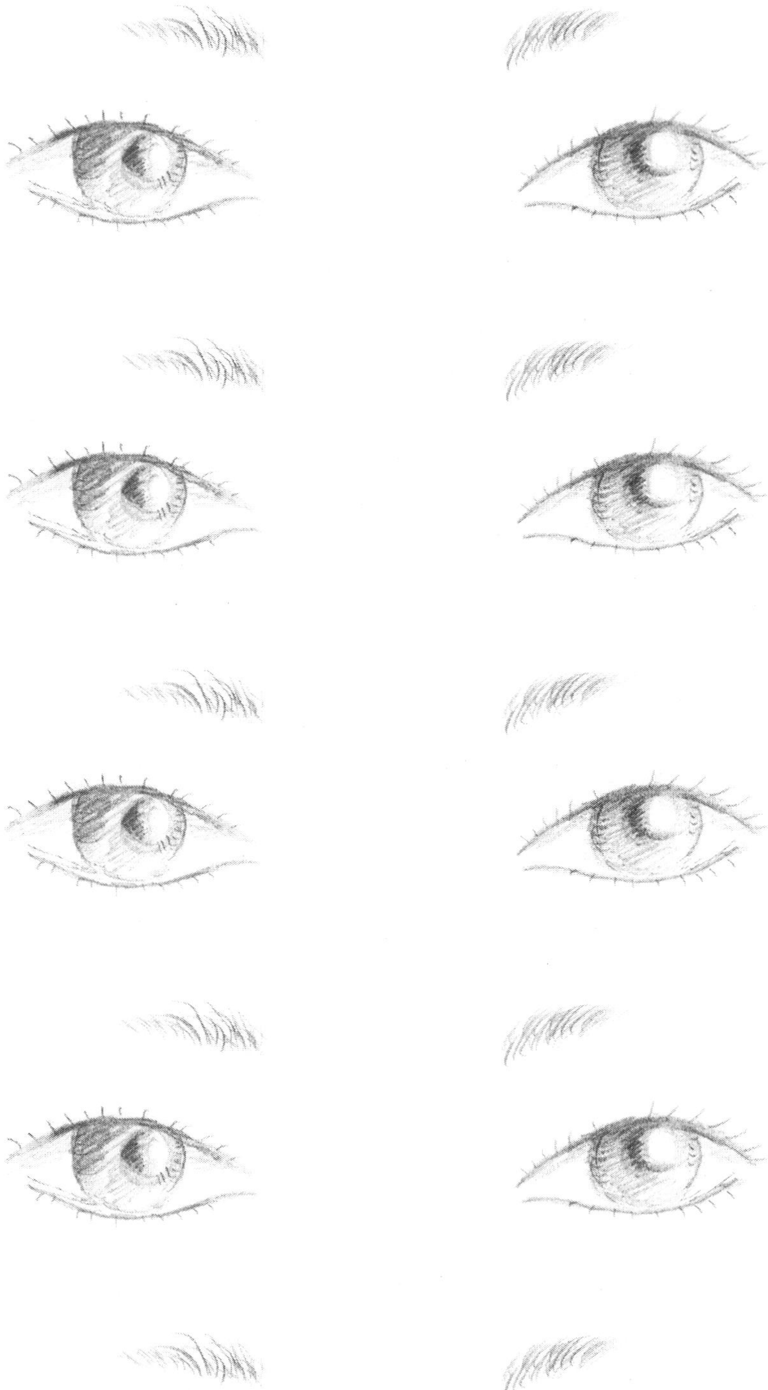

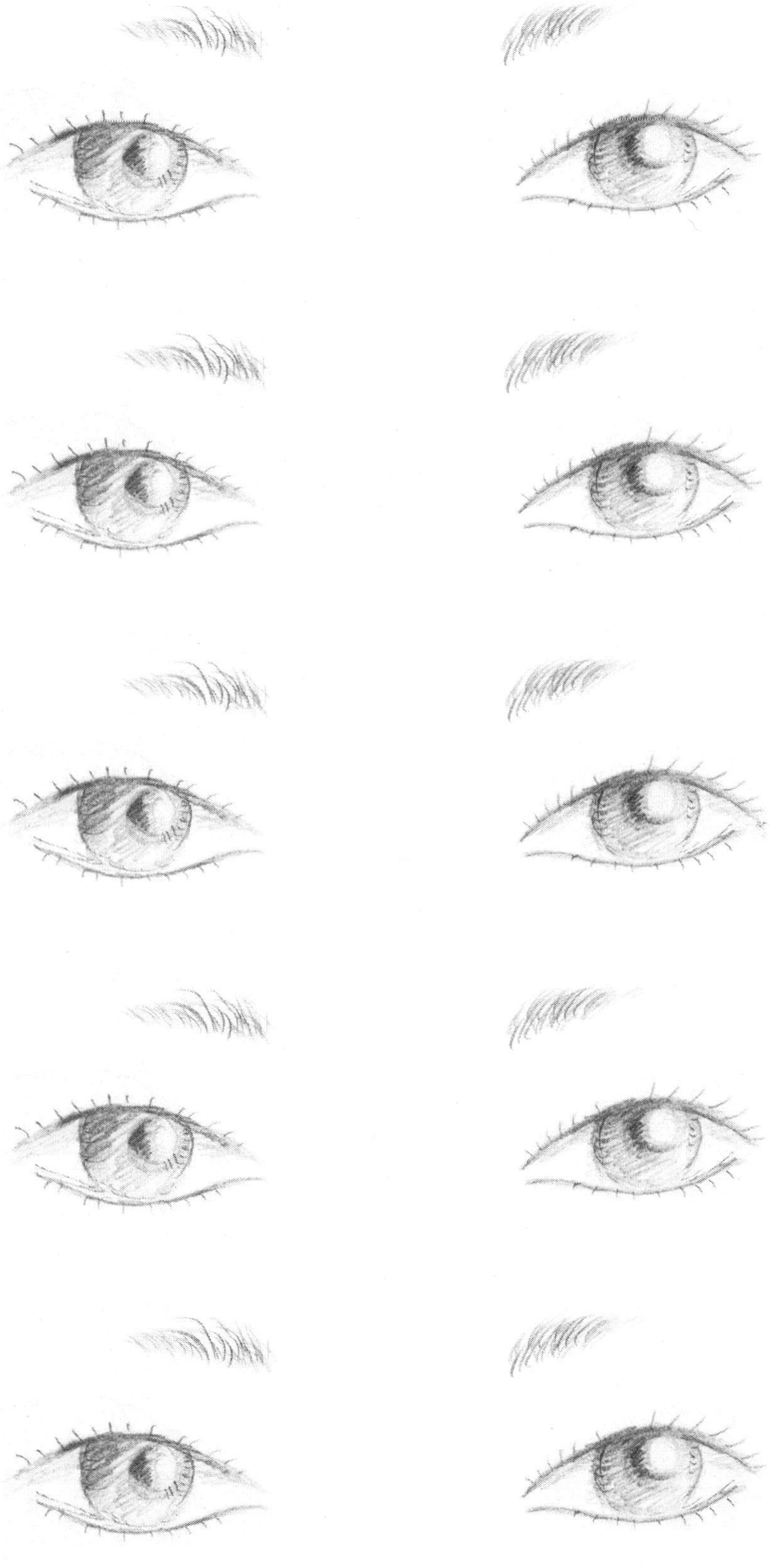

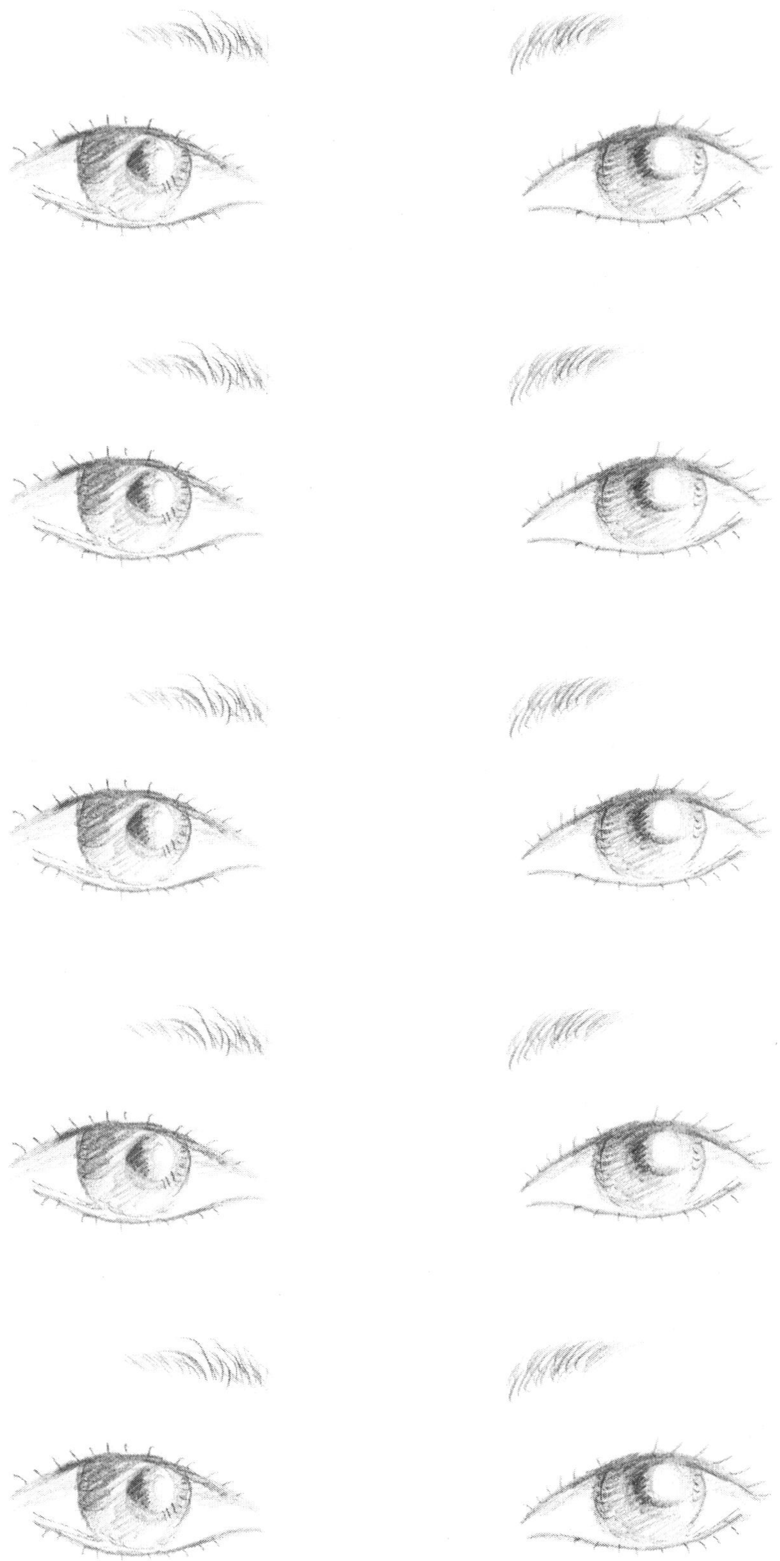

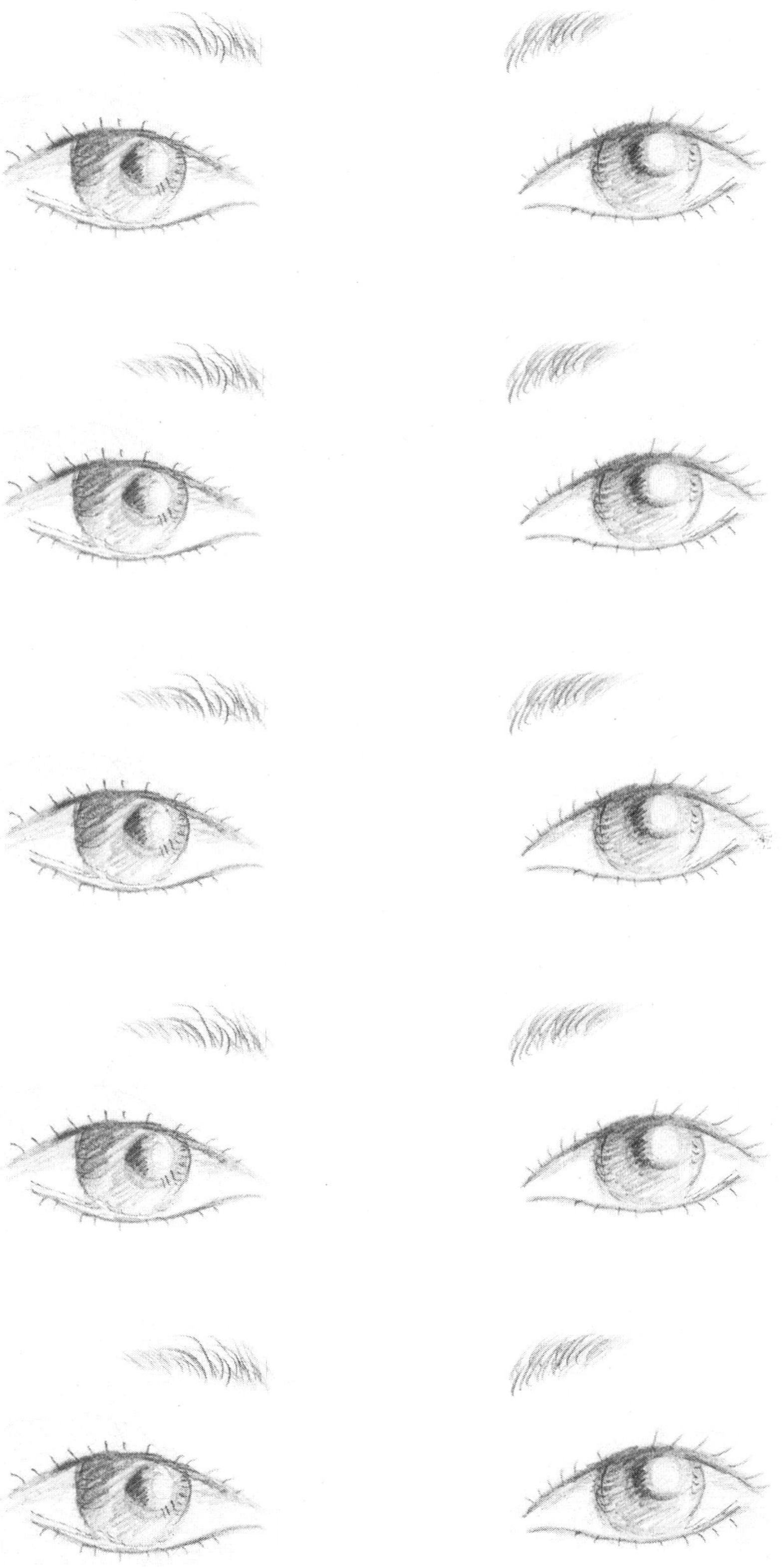

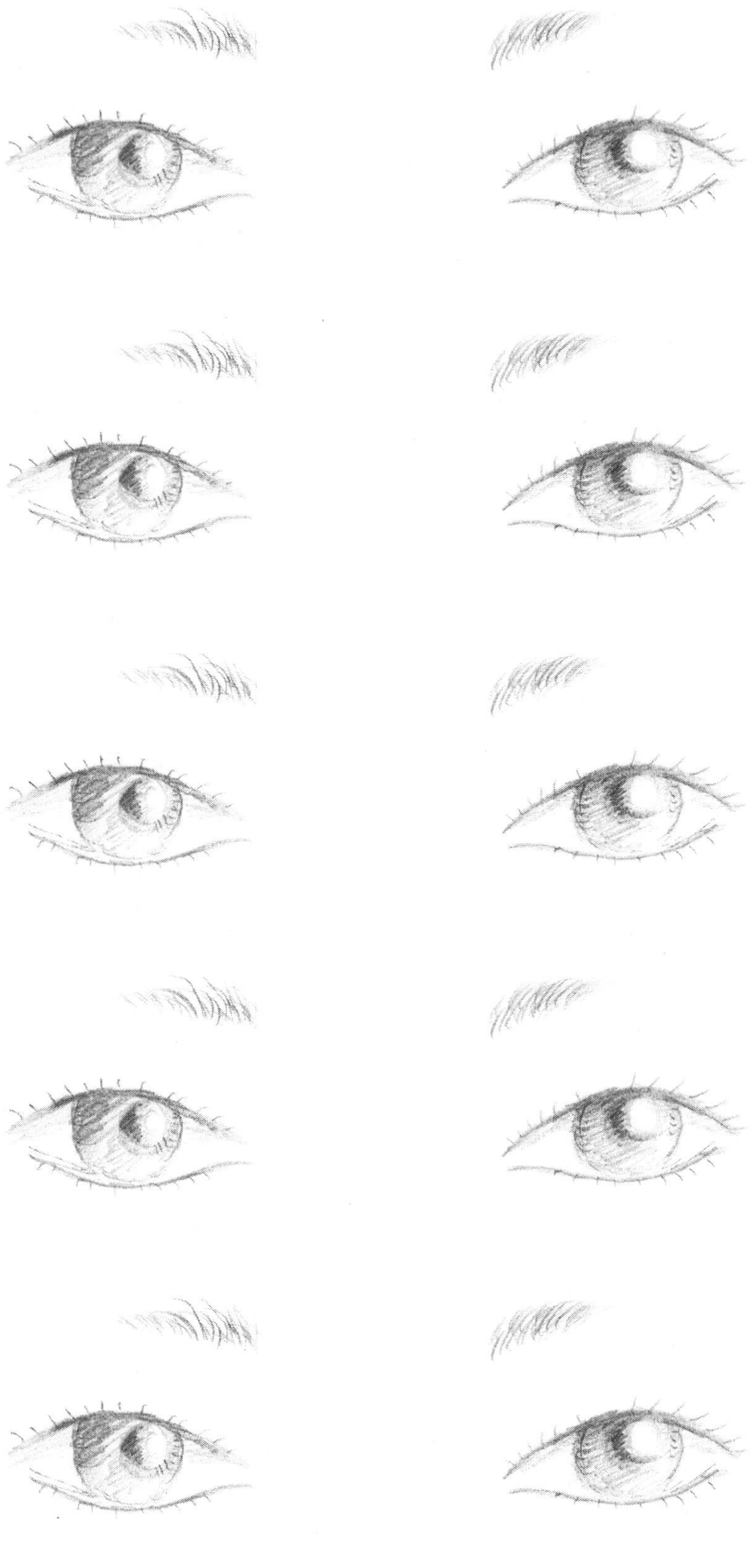

1. lip의 위치 및 비율

눈동자 안쪽에서 일직선으로 내려와 만나는 위치, 윗 입술 : 아랫 입술 = 1 : 1.5

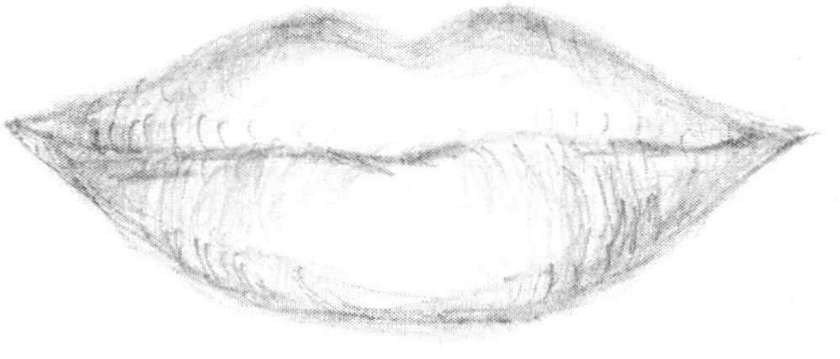

2. lip의 기본 형태

1) in curve :

입술 라인을 줄여 그리는 기법

귀엽고 여성스러운 이미지

2) out curve :

입술라인을 늘려 그리는 기법

성숙하고 관능적인 이미지

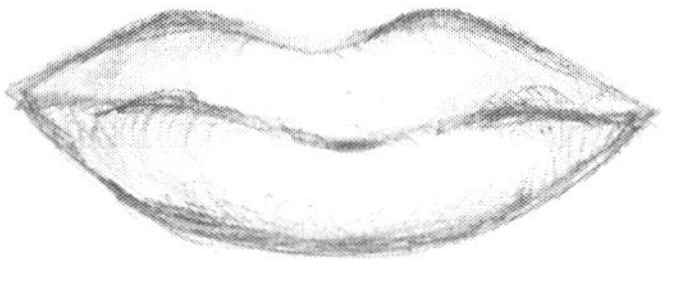

3) straight curve :

입술 라인을 직선적으로 그리는 기법

샤프하고 이지적인 이미지

lip

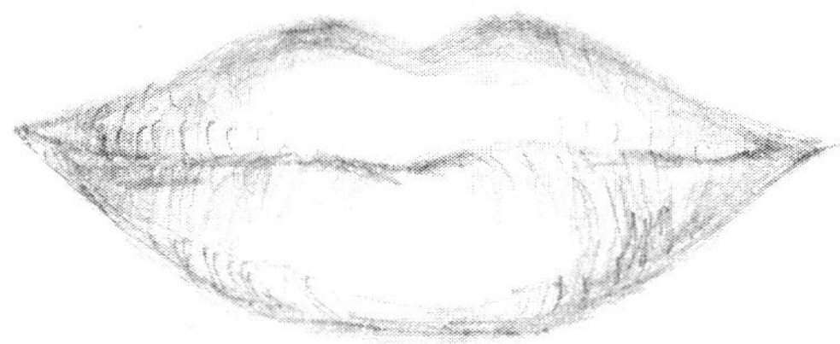

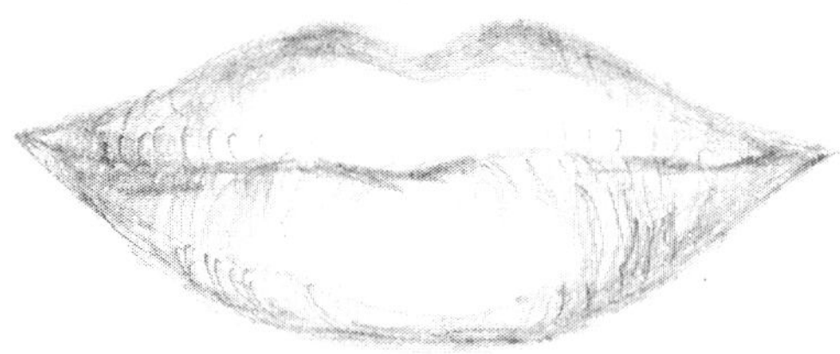

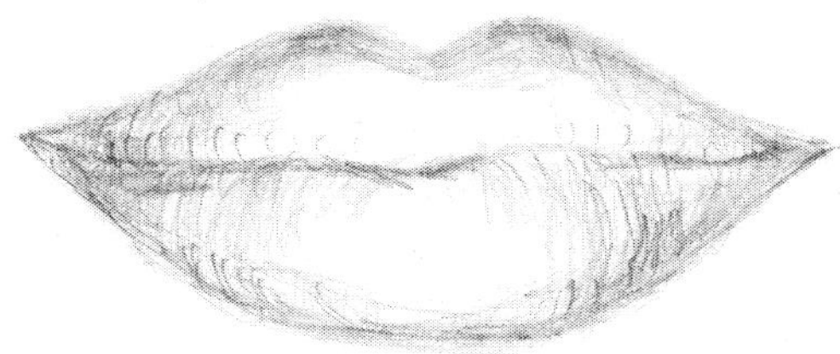

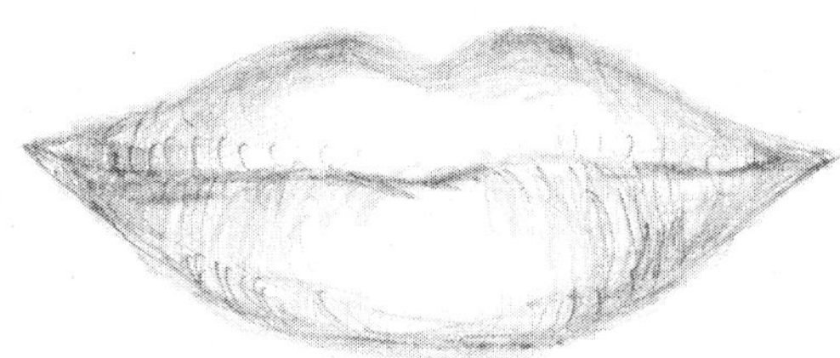

cheek & contour

1. 얼굴형에 따른 cheek & contour의 위치

1) 계란형 :

---

2) 둥근형 :

cheek : 입 꼬리부분을 향해

contour : 하이라이트로 세로

---

3) 삼각형 :

하이라이트로 이마를 강조

턱에 섀이딩

---

4) 역삼각형 :

하이라이트로 볼을 강조

이마 양 사이드에 섀이딩

---

5) 사각형 :

양 사이드에 섀이딩

---

6) 다이아몬드 형 :

하이라이트로 이마 양 사이드, 볼을 강조

광대뼈, 턱에 섀이딩

---

7) 긴형 :

턱에 섀이딩

cheek & contour

1. 달걀형

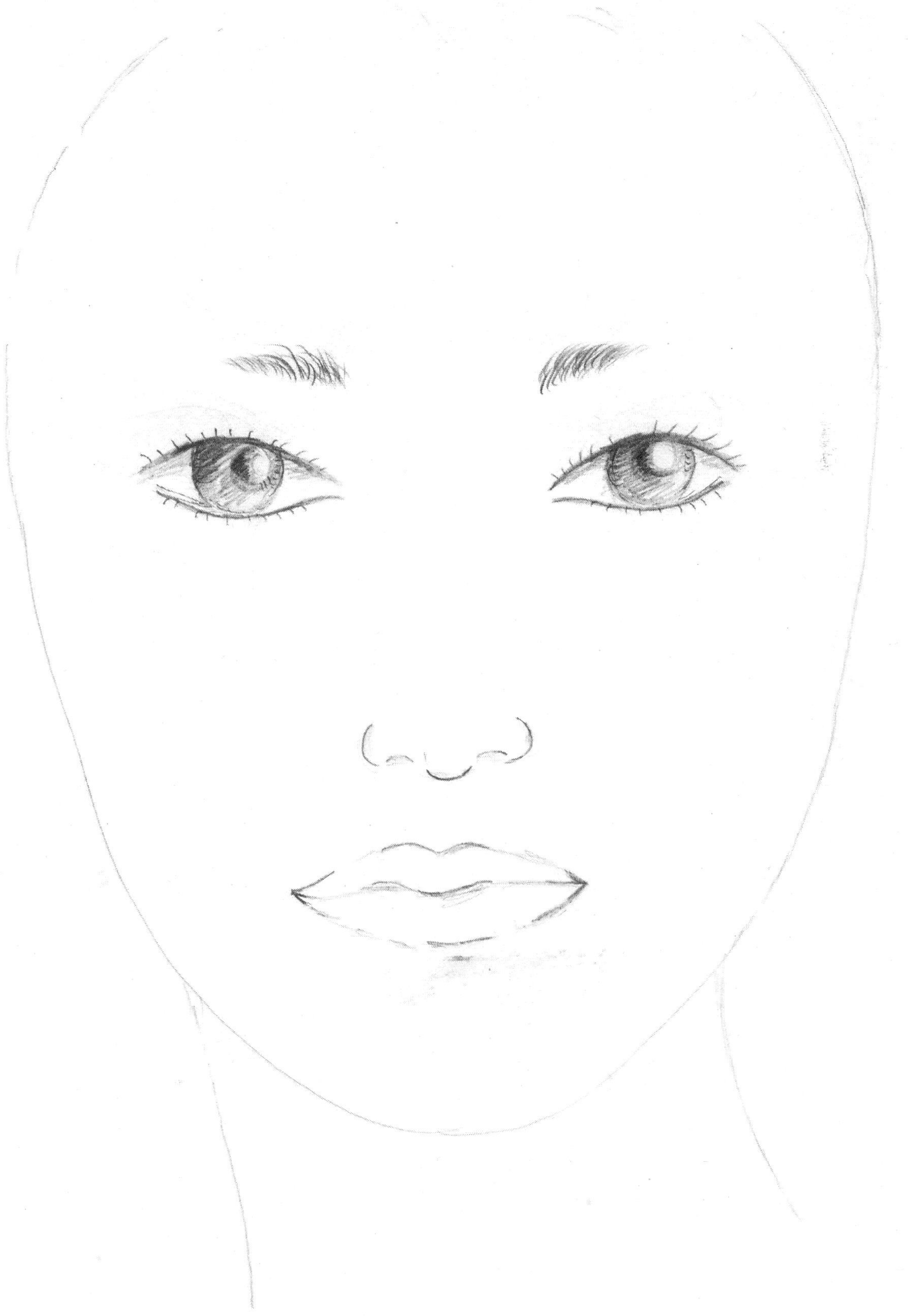

2. 둥근형

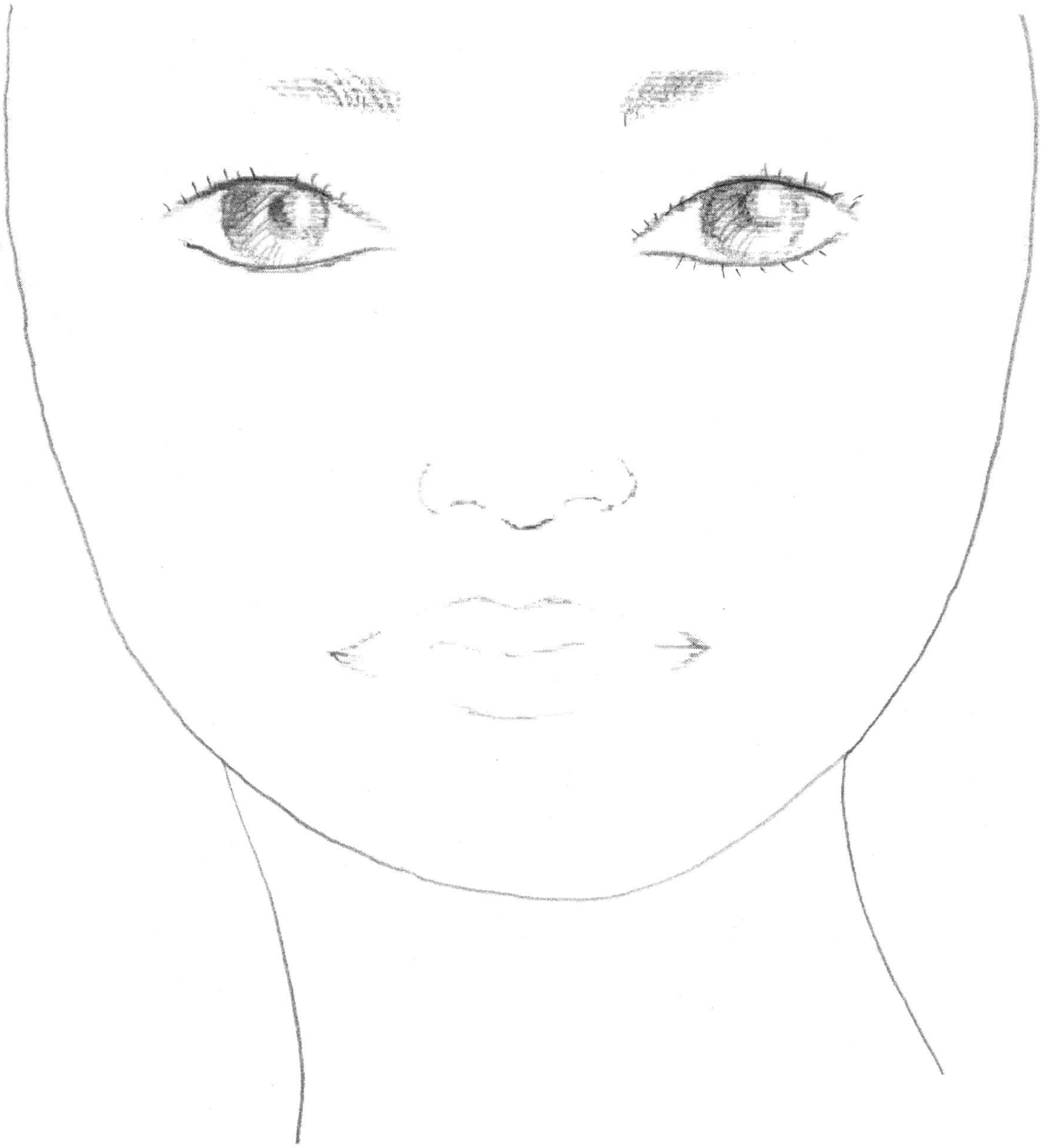

3. 사각형

4. 역삼각형

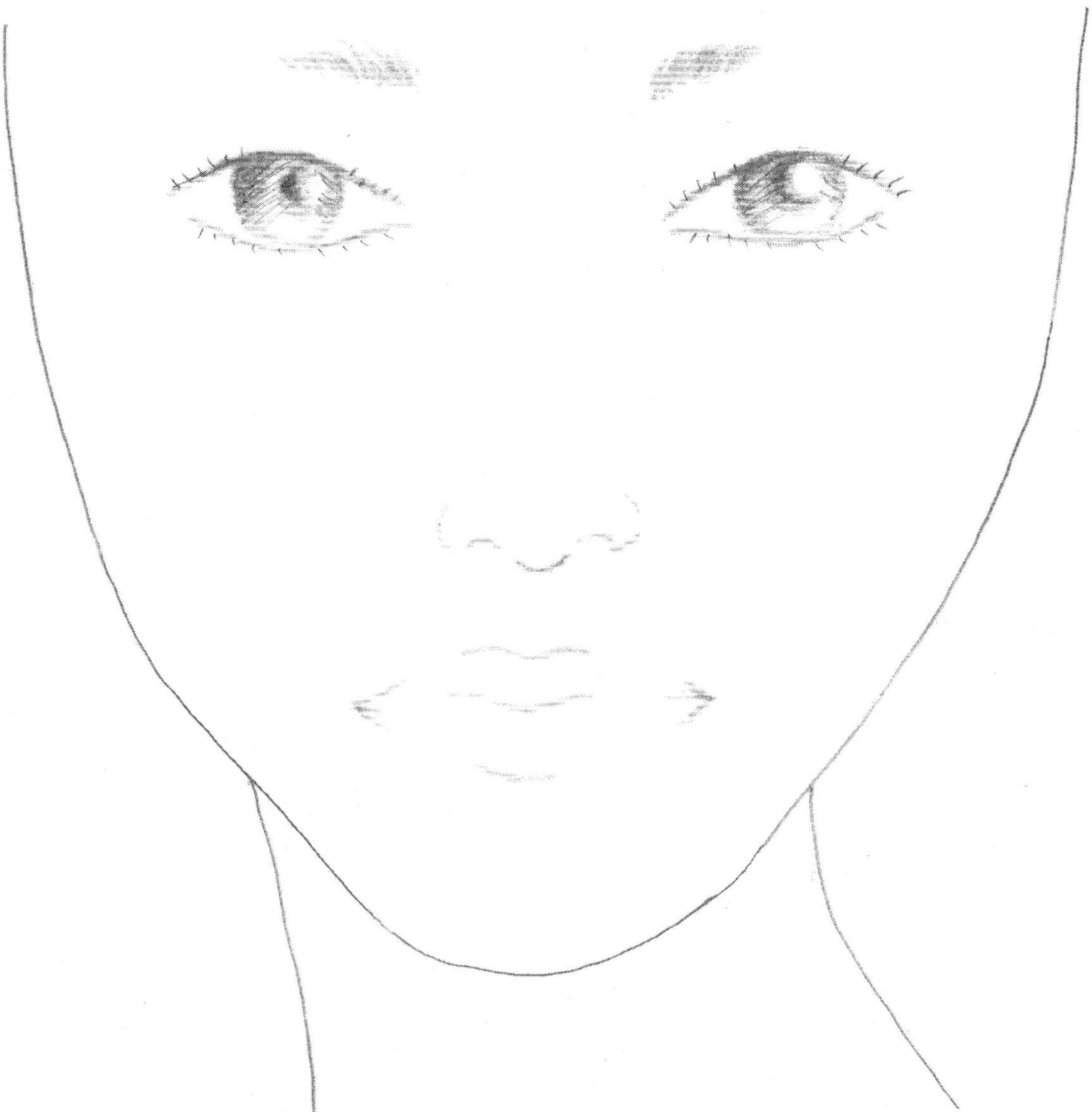

5. 삼각형

6. 다이아몬드형

7. 긴형

주제 :
이미지 :

foundation :

powder :

eye brow :

eye shadow :

eye line :

cheek :

lips :

high light :

shadow :

주제 :
이미지 :

foundation :

powder :

eye brow :

eye shadow :

eye line :

cheek :

lips :

high light :

shadow :

주제 :

이미지 :

foundation :

powder :

eye brow :

eye shadow :

eye line :

cheek :

lips :

high light :

shadow :

주제 :

이미지 :

foundation :

powder :

eye brow :

eye shadow :

eye line :

cheek :

lips :

high light :

shadow :

주제 :

이미지 :

foundation :

powder :

eye brow :

eye shadow :

eye line :

cheek :

lips :

high light :

shadow :

주제 :
이미지 :

foundation :

powder :

eye brow :

eye shadow :

eye line :

cheek :

lips :

high light :

shadow :

주제 :
이미지 :

foundation :

powder :

eye brow :

eye shadow :

eye line :

cheek :

lips :

high light :

shadow :

주제 :

이미지 :

foundation :

powder :

eye brow :

eye shadow :

eye line :

cheek :

lips :

high light :

shadow :

주제 :

이미지 :

foundation :

powder :

eye brow :

eye shadow :

eye line :

cheek :

lips :

high light :

shadow :

주제 :
이미지 :

foundation :

powder :

eye brow :

eye shadow :

eye line :

cheek :

lips :

high light :

shadow :

주제 :

이미지 :

foundation :

powder :

eye brow :

eye shadow :

eye line :

cheek :

lips :

high light :

shadow :

주제 :
이미지 :

foundation :

powder :

eye brow :

eye shadow :

eye line :

cheek :

lips :

high light :

shadow :

주제 :
이미지 :

foundation :

powder :

eye brow :

eye shadow :

eye line :

cheek :

lips :

high light :

shadow :

주제 :
이미지 :

foundation :

powder :

eye brow :

eye shadow :

eye line :

cheek :

lips :

high light :

shadow :

주제 :

이미지 :

foundation :

powder :

eye brow :

eye shadow :

eye line :

cheek :

lips :

high light :

shadow :

/저/자/

김민신

숙명여자대학교 생활과학대학 졸업.
고려대학교 교육대학원 가정교육학과 연구과정 수료.
숙명여자대학교 향장학 석사.
숙명여자대학교 의류학 박사.
숙명여자대학교 대학원 향장미용학과 겸임교수 역임.
장안대학교 뷰티케어과 교수.

Make-up
illustration book
메이크업 일러스트레이션 북

지은이 김민신
발행인 안중기
발행처 도서출판 경춘사
등록번호 제10-153(1987. 11. 28)

인쇄 2020년 10월 20일
발행 2020년 10월 30일

서울시 마포구 공덕 1동 117-25
경춘빌딩 101호

전화 (02)716-2502, 714-5246
팩스 (02)704-0688

값 **10,000원**

ISBN 978-89-5895-145-2 93590